ISBN 978-3-662-24585-9 ISBN 978-3-662-26736-3 (eBook)
DOI 10.1007/978-3-662-26736-3

Softcover reprint of the hardcover 1st edition 1963

Die in den Sitzungsberichten Abtlg. I und Abtlg. II der math.-nat. Klasse der Österr. Ak. d. Wiss. erscheinenden Abhandlungen werden auch einzeln abgegeben. Sie können durch jede Buchhandlung oder direkt durch die Auslieferungsstelle der Österreichischen Akademie der Wissenschaften (Wien I, Singerstraße 12) bezogen werden.

Nachfolgende Abhandlungen aus dem Fache der **Paläontologie** sind erschienen:

**1953 (S I Bd. 162):**

Papp A. und Küpper K.: Holothurienreste aus dem Torton des Wiener Beckens (mit 1 Tafel). S 3.—

Papp A. und Küpper K.: Die Foraminiferenfauna von Guttaring und Klein St. Paul (Kärnten). II. Orbitoiden aus Sandsteinen vom Pemberger bei Klein St. Paul (mit 4 Tafeln). S 13.60

Papp A. und Küpper K.: Über Stolonen von Auxiliarkammern bei Orbitoides und Lepidorbitoides (mit 1 Tafel). S 4.—

Papp A. und Küpper K.: Die Foraminiferenfauna von Guttaring und Klein St. Paul (Kärnten). III. Foraminiferen aus dem Campan von Silberegg (mit 3 Tafeln). S 11.30

Sieber R.: Eozäne und oligozäne Makrofaunen Österreichs. S 8.50

**1954 (S I Bd. 163):**

Bachmayer F.: Zwei bemerkenswerte Crustaceen-Funde aus dem Jungtertiär des Wiener Beckens (mit 1 Tafel). S 6.60

Janetschek H.: Ein neues inneralpines Nunatakrelikt aus einer für die Alpen neuen Gattung (Ins., Thysanura) (mit 12 Textabbildungen). S 5.20

Obritzhauser-Toifl, Hertha: Pollenanalytische (palynologische) Untersuchungen von mehreren organischen Substanzen (mit 6 Textabbildungen). S 30.—

Schremmer F.: Bohrschwammspuren in Actaeonellen aus der nordalpinen Gosau (mit 1 Tafel). S 3.80

Strouhal H.: Isopodenreste aus der altplistozänen Spaltenfüllung von Hundsheim bei Deutsch-Altenburg (Niederösterreich) (mit 7 Textabbildungen und 2 Tafeln). S 10.30

Tollmann A.: Die Gattungen Lingulina und Lingulinopsis (Foraminifera) im Torton des Wiener Beckens und Südmährens (mit 2 Tafeln). S 9.90

Zapfe H.: Die Fauna der miozänen Spaltenfüllung von Neudorf a. d. March (ČSR). Proboscidea (mit 2 Textabbildungen und 2 Tafeln). S 12.30

**1955 (S I Bd. 164):**

Bachmayer F.: Die fossilen Asseln aus den Oberjuraschichten von Ernstbrunn in Niederösterreich und von Stramberg in Mähren (mit 9 Textabbildungen und 6 Tafeln). S 26.60

Beier M.: Insektenreste aus der Hallstattzeit (mit 4 Abbildungen und 2 Tafeln). S 6.40

Herre W.: Die Fauna der miozänen Spaltenfüllung von Neudorf a. d. March (ČSR), Amphibila (Urodela) (mit 6 Textabbildungen). S 14.80

Kühn O.: Die Bryozoen der Retzer Sande (mit 2 Tafeln). S 14.10

Papp A.: Orbitoiden aus der Oberkreide der Ostalpen (Gosauschichten) (mit 3 Tafeln). S 12.20

Papp A.: Die Foraminiferenfauna von Guttaring und Klein St. Paul (Kärnten): IV. Biostratigraphische Ergebnisse in der Oberkreide und Bemerkungen über die Lagerung des Eozäns (mit 4 Textabbildungen). S 12.20

Plöchinger B.: Eine neue Subspezies des Barroisiceras haberfellneri v. Hauer aus dem Oberconiader Gosau Salzburgs (mit 2 Textabbildungen und 1 Tafel). S 4.40

Tollmann A.: Die Foraminiferenentwicklung im Torton und Untersarmat in den Randfazies der Eisenstädter Bucht (mit 1 Textabbildung). S 6.70

**1956 (S I Bd. 165):**

Bernhauser A.: Kann intravitaler Befall durch Bohrorganismen an fossilen Fischzähnen nachgewiesen werden? (mit 10 Textabbildungen). S 7.60

Thenius E.: Zur Kenntnis der fossilen Braunbären (Ursidae, Mammal.) (mit 5 Textabbildungen und 1 Tafel). S 17.20

Thenius E.: Die Suiden und Thayassuiden des steirischen Tertiärs. Beiträge zur Kenntnis der Säugetierreste des steirischen Tertiärs. VIII. (mit 31 Textabbildungen). S 25.—

# Algen und Problematica aus dem Perm Süd-Anatoliens und Irans

Von Helmut Flügel

Mit 11 Abbildungen auf 2 Tafeln

(Vorgelegt in der Sitzung am 21. Februar 1963)

Durch Herrn Prof. Dr. K. Metz, Graz, erhielt ich, z. T. bereits vor Jahren (K. Metz 1955), in entgegenkommender Weise einige Algen-Kalkproben aus dem Perm des Taurus (Süd-Anatolien), der Zagros-Ketten (West-Iran), Iranisch-Aserbeidshan und des östlichen Elburz. Ihre Bearbeitung wird hier vorgelegt. Das Material wurde in der Typensammlung des Geol.-Paläont. Inst. der Universität Graz mit den Nummern 1131—1140 hinterlegt.

Die Fundorte sind:

1. Ala-Dağ, Taurus III, V, VI (vgl. K. Metz 1955)
2. Abadeh (Ab. 7b) im Zagros-Gebirge (vgl. W. Gräf 1963)
3. Dizdere bei Djulfa (Diz. 7), Iranisch-Aserbeidshan (vgl. W. Gräf 1963)
4. Gorgan SE im östl. Elburz (Gz. 1) (vgl. K. Metz 1961).

## Systematische Beschreibung

Klasse: Chlorophyceae

Familie: Dasycladaceae

Genus: *Anthracoporella* Pia 1929

*Anthracoporella magnipora* Endo 1951

(Taf. 1, Fig. 1)

1951 *Anthracoporella magnipora* n. sp. — Endo, S. 124, Taf. 10, Fig. 4, 5.
1956 *Anthracoporella magnipora* Endo. — Endo, S. 227, Taf. 22, Fig. 1, 2.
1957 *Anthracoporella magnipora* Endo. — Endo, S. 283, Taf. 37, Fig. 1.

Material: Ala-Dağ, III/76 (UGP. 1131).

Beschreibung[1]: Der Thallus scheint unverzweigt zu sein. Die Poren sind auffallend groß, gleichmäßig, sehr dicht gestellt und mehr oder minder normal zur Thallusachse angeordnet. Die Länge des Thallus beträgt 18 mm.

| D | d | s | p | w |
|---|---|---|---|---|
| 3,6 | 1,6 | 0,8 | 0,15 | |
| 2,8 | 0,8 | 1,0 | 0,15 | |
| 3,6 | 1,2 | 1,2 | 0,17 | |
| 1,65 | 0,67 | 0,52 | 0,15 | 22 |
| 4,0 | 2,6 | 1,0 | 0,20 | |
| 2,2 | 0,6 | 0,8 | 0,12 | |
| 3,0 | 0,9 | 1,05 | 0,10 | |

Bemerkungen: Der auffallend große Porendurchmesser trennt vorliegende Form von der sonst sehr ähnlichen Art *A. spectabilis* PIA. In den Abmessungen und der teilweise erkennbaren Gabelung der großen Poren entspricht sie der bisher nur aus dem Unter-Perm Japans bekannten Art *A. magnipora* ENDO.

### Genus: *Diplopora* SCHAFHÄUTL 1863

### *Diplopora pusilla* KOCHANSKY & HERAK 1960
(Taf. 1, Fig. 2)

1960 *Diplopora pusilla* n. sp. — KOCHANSKY & HERAK, S. 88, Taf. 9, Fig. 1—8, Textabb. 7.

Material: Diz. 7 (UGP. 1132).

Beschreibung: Der zylindrische Thallus besitzt folgende Maße:

| D | d | s | p |
|---|---|---|---|
| 0,7 | 0,4 | 0,125 | 0,025 |
| 0,62 | 0,35 | 0,125 | 0,020—0,030 |

Die Poren sind zu Büscheln vereinigt. Sie öffnen sich nach außen zu etwas.

Bemerkungen: Die geringen Abmessungen weisen vorliegende Form der aus dem Mittel-Perm Jugoslawiens beschriebenen Art *D. pusilla* KOCHANSKY & HERAK zu. Es scheinen in einem Büschel weniger Poren vereinigt zu sein, jedoch sind auch bei der vorliegenden Form die von KOCHANSKY & HERAK 1960 beobachteten Protuberanzen feststellbar.

[1] Abkürzungen: D Thallus-Ø; d Innerer-Ø; w Wirtelz hl; s Dicke der Verkalkungszone; p Poren-Ø; L Segmentlänge.

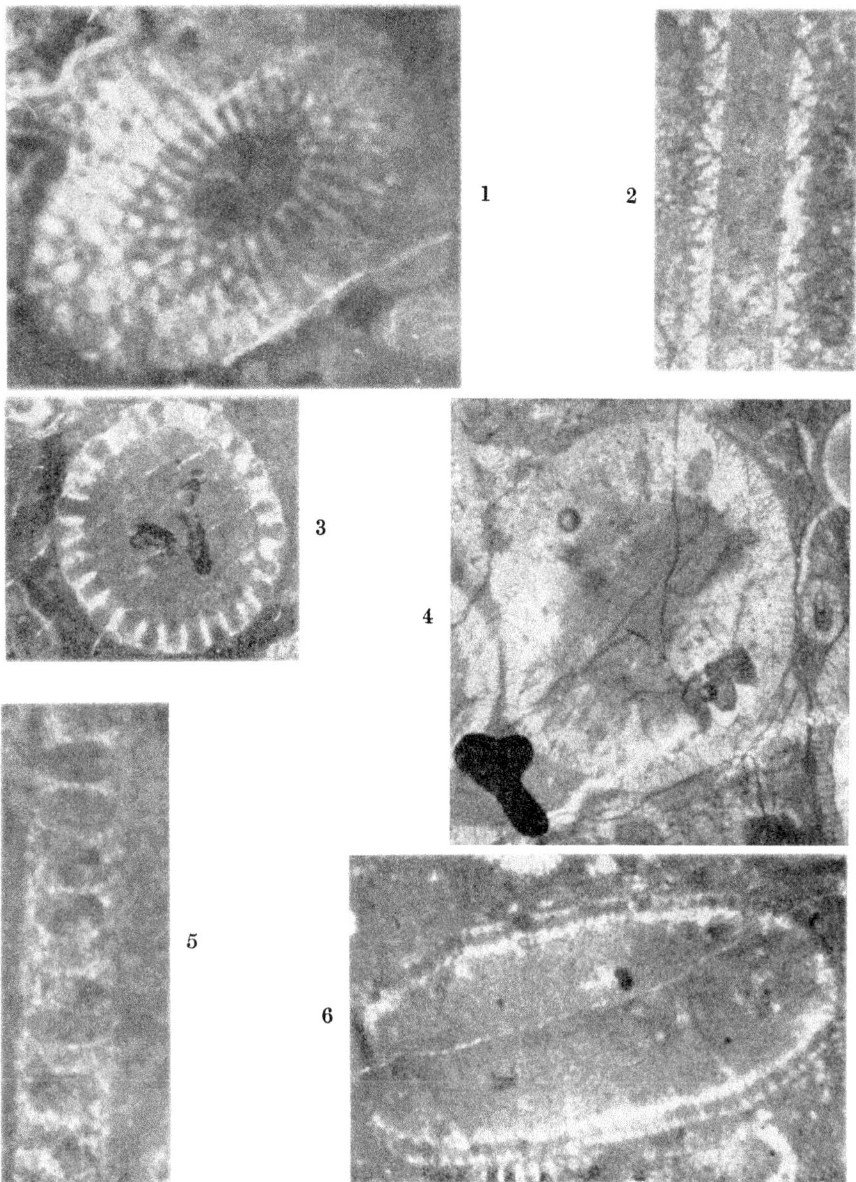


Fig. 1. *Anthracoporella magnipora* ENDO 1951, 13,5:1, Ala-Dağ III, UGP. 1131.
Fig. 2. *Diplopora pusilla* KOCHANSKY & HERAK 1960, 23:1, Dizdere b. Djulfa 7, UGP. 1132.
Fig. 3. *Mizzia velebitana* SCHUBERT 1908, 11,6:1, Ala-Dağ VI, UGP. 1133.
Fig. 4. *Permocalculus fragilis* PIA 1937, 14,5:1, Abadeh 7a, UGP. 1137.
Fig. 5. *Pseudoepimastopora likana* KOCHANSKY & HERAK 1960, 53,3:1, Dizdere b. Djulfa 7, UGP. 1132.
Fig. 6. *Pseudoepimastopora iwaizakiensis* ENDO 1953, 38:1, Ala-Dağ V, UGP. 1136.

## Genus: *Mizzia* SCHUBERT 1907

### *Mizzia velebitana* SCHUBERT 1908
(Taf. 1, Fig. 3)

1908 *Mizzia velebitana* n. sp. — SCHUBERT, S. 382, Taf. 16, Fig. 8—12.
1956 *Mizzia velebitana* SCHUBERT — MASLOV, S. 57.
1959 *Mizzia velebitana* (SCHUBERT) — REZAK, S. 536, Taf. 72, Fig. 1—3, 5, 8—10, 12, 13, 15—19 (cum syn.).
1959 *Mizzia velebitana* SCHUBERT — BILGÜTAY, S. 49, Taf. 1, Fig. 2—3, Taf. 2, Fig. 1.
1959 *Mizzia velebitana* SCHUBERT — ENDO, S. 183, Taf. 30, Fig. 2, Taf. 31, Fig. 1.
1960 *Mizzia velebitana* SCHUBERT — KOCHANSKY & HERAK, S. 81, Taf. 5, Fig. 1—6, 9—12.
1961 *Mizzia velebitana* SCHUBERT — ENDO, S. 85, Taf. 4, Fig. 1—3.

Material: Ala-Dağ, V/83 (UGP. 1134), V/87 (UGP. 1135, V/89 (UGP. 1136), VI/90 (UGP. 1133).

Beschreibung: Die kugeligen bis birnenförmigen Segmente besitzen folgende Abmessungen:

| L | D | d | s | p | w |
|---|---|---|---|---|---|
| 2,8 | 2,5 | 1,925 | 0,325 | 0,15 | 30 |
| 2,15 | 1,925 | 1,25 | 0,275 | 0,225 | 17 |
| 2,5 | 2,3 | 1,7 | 0,375 | 0,175 | 30 |
| 2,8 | 2,0 | 1,25 | 0,375 | 0,225 | |
| 2,0 | 2,0 | 1,25 | 0,375 | 0,20 | |
| 2,1 | 2,0 | 1,6 | 0,25 | 0,15 | 30 |
| 1,82 | 1,7 | 1,025 | | 0,10 | |
| | 1,645 | 1,05 | | 0,075 | 19 |

Die Poren sind einfach und plump-zylindrisch. Charakteristisch ist ihre bienenwabenförmige Anordnung entsprechend der Textfigur 1 von R. REZAK 1959.

Bemerkungen: Die große Zahl der Poren in einem Wirtel erleichtert die Zuordnung vorliegender Formen zu der für das höhere Mittel- bis tiefere Ober-Perm charakteristischen Art. Sie bestätigt die Einordnung dieser Schichten in das höhere Perm, wie sie auf Grund der Korallenfauna durch H. FLÜGEL 1955a: 316 vorgenommen wurde.

## Genus: *Pseudoepimastopora* ENDO 1959

### *Pseudoepimastopora likana* (KOCHANSKY & HERAK 1960)
(Taf. 1, Fig. 5)

1960 *Epimastopora likana* n. sp. — KOCHANSKY & HERAK, S. 78, Taf. 4, Fig. 5—10.

Material: Diz. 7 (UGP. 1132), Ala-Dağ V/89 (UGP. 1136).

Beschreibung: Das Wandfragment besitzt eine Länge von 15 mm und eine Breite von 0,225 mm. Die engstehenden Poren haben ovale Gestalt, wobei ihr Durchmesser randlich um 0,04 mm beträgt, während er im zentralen Abschnitt auf 0,10 mm anwächst. Dementsprechend schwankt auch die Entfernung der Poren zwischen 0,015 mm im zentralen Teil und über 0,05 mm an der Peripherie.

Bemerkungen: R. ENDO 1959b hat von dem von PIA 1922 aufgestellten Genus *Epimastopora* die Formen abgetrennt, deren Poren im zentralen Wandteil kugelförmig aufgetrieben sind und sie zu einer eigenen Gattung *Pseudoepimastopora* vereinigt. Dies trifft auch für die aus dem Unter-Perm Jugoslawiens von KOCHANSKY & HERAK beschriebene Art *P. likana* zu, mit der vorliegende Form in ihren Abmessungen völlig übereinstimmt. *Pseudoepimastopora japonica* (ENDO), die ähnliche Maße besitzt, unterscheidet sich vor allem durch die Art der Poren, die bei ihr mit einem schmalen fadenförmigen Abschnitt beginnen, während bei *P. likana* die Ausbauchung sofort einsetzt.

### *Pseudoepimastopora iwaizakiensis* (ENDO 1953) (Taf. 1, Fig. 6)

1953 *Epimastopora iwaizakiensis* n. sp. — ENDO, S. 120, Taf. 11, Fig. 7—9.

Material: Ala-Dağ V/89 (UGP. 1136).

Beschreibung: Der lange Thallus ist durch verhältnismäßig dünne Wände, die von zentral kugelförmig ausgebauchten Poren durchzogen werden, charakterisiert. Seine Maße sind:

| D | d | s | p |
|---|---|---|---|
| 1,0 | 0,75 | 0,125 | 0,05 |

Bemerkungen: Die Form der Poren ist ein charakteristisches Gattungsmerkmal, wobei die geringe Wandstärke vorliegende Form der bisher nur aus dem Ober-Perm Japans bekannten Art zuordnet.

## *Vermiporella* STOLLEY 1893

### *Vermiporella* (?) *nipponica* ENDO 1954 (Taf. 2, Fig. 4)

1954 *Vermiporella* (?) *nipponica* n. sp. — ENDO, S. 191, Taf. 13, Fig. 2—5.
1959 *Vermiporella* (?) *nipponica* ENDO — ENDO, S. 185, Taf. 30, Fig. 6.
1960 *Vermiporella nipponica* ENDO — KOCHANSKY & HERAK, S. 73, Taf. 2, Fig. 7—9, Taf. 3, Fig. 1—6 (cum syn.).
1961 *Vermiporella nipponica* ENDO — ENDO, S. 123, Taf. 3, Fig. 7.

Material: Ala-Dağ III/76 (UGP. 1131), Ab. 7a (UGP. 1137/1138).

Beschreibung: Die dünnen röhrenförmigen Thalli besitzen folgende Abmessungen:

| D | d | s | p |
|---|---|---|---|
| 0,645 | 0,425 | 0,10 | 0,025 |
| 0,45 | 0,275 | 0,075 | 0,025—0,030 |
| 0,425 | 0,275 | 0,075 | 0,025 |
| 0,62 | 0,35 | 0,12 | 0,05 |
| 0,585 | 0,375 | 0,10 | 0,025—0,030 |
| 0,645 | 0,50 | 0,05 | 0,040 |

Die Poren sind regelmäßig, wirtelig gestellt.

Bemerkungen: Die Abmessungen entsprechen denen, die KOCHANSKY & HERAK 1960: 74 bei ihrem aus dem mittleren oder oberen Perm Jugoslawiens stammenden Material feststellen konnten.

Klasse: Rhodophyceae

Familie: Gymnocodiaceae

Genus: *Gymnocodium* PIA 1920

*Gymnocodium bellerophontis* (ROTHPLETZ 1894)

1894 *Gyroporella bellerophontis* n. sp. — ROTHPLETZ, S. 24, Fig. 4.
1920 „*Gyroporella*" *bellerophontis* — PIA, S. 34.
1937 *Gymnocodium bellerophontis* ROTHPL. — PIA, S. 832, Taf. 11, Fig. 1—6 (cum syn.).
1955 *Gymnocodium bellerophontis* (ROTHPLETZ) — ELLIOTT, S. 85, Taf. 1, Fig. 3—7.
1959 *Gymnocodium bellerophontis* (ROTHPLETZ) — REZAK, S. 533, Taf. 71, Fig. 2, 4, 5, 7—9, 11—13, 16.

Material: Ala-Dağ V/89 (UGP. 1136).

Beschreibung: Die Abmessungen der Segmente gehen aus folgender Zusammenstellung hervor:

| D | d | s | p |
|---|---|---|---|
| 0,77 | 0,4 | | 0,03 |
| 1,025 | 0,50 | 0,25 | 0,03 |
| 1,125 | 0,75 | 0,20 | 0,03 |

Die runden Sporangien besitzen einen Durchmesser von 0,125 mm.

Bemerkungen: G. ELLIOTT 1955 gliederte die Gattung *Gymnocodium* nach dem Porendurchmesser in *Gymnocodium* mit einen Ø über 0,03 mm und *Permocalculus* n. g. unter 0,03 mm. Typenart ersterer Gattung ist *G. bellerophontis*, die für das Ober-Perm charakteristisch ist und mit der die Abmessungen vorliegender Form völlig übereinstimmen.

### Genus: *Permocalculus* ELLIOTT 1955

### *Permocalculus texanum* (JOHNSON 1951)
(Taf. 2, Fig. 1)

1951 *Gymnocodium texanum* JOHNSON n. sp. — JOHNSON, S. 27, Taf. 9, Fig. 6, 8.

Material: Diz. 7 (UGP. 1132).

Beschreibung: Der schmale zylindrische Thallus besitzt folgende Maße:

| D | d | s | p |
|---|---|---|---|
| 0,695 | 0,45 | 0,15 | 0,05 |
| 0,645 | 0,375 | 0,125 | 0,01 |
| 0,8 | 0,4 | 0,2 | |
| 0,645 | 0,475 | 0,075 | 0,02 |

Es sind keine Sporangien erkennbar.

Bemerkungen: Der geringe Durchmesser des Thallus ist ein charakteristisches Merkmal dieser bisher nur aus dem höheren Perm von Amerika beschriebenen Art.

### *Permocalculus fragilis* (PIA 1937)
(Taf. 1, Fig. 4)

1937 *Gymnocodium fragile* n. sp. — PIA, S. 834, Taf. 12, Fig. 1, 2.
1955 *Permocalculus fragilis* (PIA) — ELLIOTT, S. 86, Taf. 1, Fig. 1—2.
1959 *Gymnocodium fragile* PIA — BILGÜTAY, S. 56, Taf. 4, Fig. 2, 3.

Material: Ab. 7a (UGP. 1137).

Beschreibung: Der zylindrische Thallus zeigt folgende Abmessungen:

| D | d | s | p |
|---|---|---|---|
| 2,6 | 1,875 | 0,5 | 0,025 |
| 3,0 | 1,75 | 0,525 | 0,025 |

Der Durchmesser der Sporangien liegt zwischen 0,20 und 0,25 mm. Sie besitzen runden bis ovalen Umriß und liegen in der Innenschicht der Verkalkungszone.

Bemerkungen: Die Formen sind etwas größer, als die von G. ELLIOTT 1955 aus dem Ober-Perm des Irak angegebenen, entsprechen jedoch den von U. BILGÜTAY 1959 aus dem Ober-Perm SE-Anatoliens beschriebenen Typen.

Familie: Solenoporaceae

Genus: *Komia* KORDE 1951

*Komia?* sp.
(Taf. 2, Fig. 3)

Material: Diz. 7 (UGP. 1132).

Beschreibung: Es liegen mehrere mehr oder minder zylindrische, bis über 11 mm lang werdende Thalli vor. Ihr Durchmesser liegt um 1,25 mm. Sie lassen eine deutliche Gliederung in einen strukturlosen zentralen Hypothallus und einen aus feinen, parallelen Filamenten aufgebauten Perithallus erkennen. Der Abstand dieser Filamente beträgt um 0,05 mm. Sie sind, wie bisweilen erkennbar ist, durch dünne Wände miteinander verbunden.

Bemerkungen: Die Form erinnert einerseits an die von R. ENDO 1959 aufgestellte Gattung *Arachaeolithoporella*, anderseits an *Komia* KORDE 1951 bzw. *Ungdarella* MASLOV 1950. Hinsichtlich der erstgenannten Gattung gibt jedoch ENDO an, daß keine Gliederung der Röhren gegeben scheint, wohingegen H. JOHNSON 1960: 50 darauf aufmerksam machte, daß dies nicht immer zutreffen dürfte. *Ungdarella* MASLOV 1950 zeigt bedeutend unruhigere Filamente, als die vorliegende Form. Damit wird wahrscheinlich, daß sie mit der bisher nur aus dem Karbon beschriebenen Gattung *Komia* KORDE vergleichbar ist.

Klasse: Cyanophyceae

Familie: Porostromata

Genus: *Girvanella* NICHOLSON & ETHERIDGE 1880

*Girvanella permica* PIA 1937
(Taf. 2, Fig. 5)

1937 *Girvanella permica* n. sp. — PIA, S. 820, Taf. 93, Fig. 1.

Material: Gz. 1 (UGP. 1139).

Beschreibung: Der Durchmesser der wurmförmig gekrümmten Röhren liegt zwischen 0,015 und 0,025 mm. Ihre dunkle, sich bisweilen gut vom Untergrund abhebende Mauer hat eine Dicke von 0,01—0,015 mm. Das Lumen ist mit hellem Calcit erfüllt. Vereinzelt ist eine Verzweigung erkennbar. Die einzelnen Röhren legen sich häufig parallel aneinander und bilden mit freiem Auge gut erkennbare bis 19 mm lang und 6 mm breit werdende Knollen. Sie sind gut gerundet und besitzen häufig einen Kern aus Echinodermenresten oder Molluskensplitt.

Bemerkungen: Die Ausbildung der vorliegenden Form erinnert stark an die von J. PIA 1937 aus dem Elburz (Radkan) als *Girvanella* aff. *amplefurcata* PIA beschriebenen Bildungen. Diese zeigen jedoch einen Röhrendurchmesser bis zu 0,04 mm, welcher von den mir vorliegenden Röhren nie erreicht wird.

Es wurde bereits verschiedentlich darauf hingewiesen (U. BILGÜTAY 1960), daß die Trennung von *Girvanella* in verschiedene Arten auf Grund ihres Durchmessers problematisch ist. Dies trifft auch für die vorliegende Form zu. Die Zuweisung zu *G. permica* erfolgte daher nicht nur auf Grund des übereinstimmenden Durchmessers, sondern auch auf Grund des permischen Alters der Fundschichten. Sehr ähnlich wäre auch *Girvanella ducii* WETHERED 1890, die jedoch vorwiegend im Unter-Karbon auftritt.

## Problematica

### Genus: *Hikorocodium* ENDO 1951

### *Hikorocodium elegantae* ENDO 1951
(Taf. 2, Fig. 2)

1951 *Hikorocodium elegantae* n. sp. — ENDO, S. 127, Taf. 10, Fig. 1—3.
1953 *Hikorocodium elegantae* ENDO — ENDO, S. 124, Taf. 12, Fig. 8.
1954 *Hikorocodium elegantae* ENDO — ENDO, S. 218, Taf. 19, Fig. 1—3.
1957 *Hikorocodium elegantae* ENDO — ENDO, S. 297, Taf. 42, Fig. 5, 6.
1957 *Hikorocodium elegantae* ENDO — ENDO & HORIGUCHI, S. 176, Taf. 14, Fig. 3.
1959 *Carta* sp. n. sp. A, B — E. FLÜGEL, S. 89, 91, Abb. 1.
1960 *Hikorocodium elegantae* ENDO — KOCHANSKY & HERAK, S. 90, Taf. 9, Fig. 9—13.
1961 *Hikorocodium elegantae* ENDO — ENDO, S. 135, Taf. 4, Fig. 7.

Material: Diz. 7 (UGP. 1132), Ala-Dağ V (UGP. 1140).

Beschreibung: Das Bruchstück Diz. 7 besitzt bei einer Länge von 7,9 mm eine Breite von 1,5 mm. Es wird von deutlich erkennbaren wurmförmig gekrümmten Poren durchzogen, die einen Durchmesser zwischen 0,075 und 0,10 mm besitzen.

Bemerkungen: Die beiden vorliegenden Formen stimmen völlig mit den aus dem japanischen und jugoslawischen Perm beschriebenen Formen überein. Ihre systematische Stellung ist ungeklärt. R. ENDO 1961 rechnete die Gattung zu den Codiaceae. E. FLÜGEL 1959 beschrieb die Form als *Carta* sp. und rechnete sie zu den Hydrozoa, wobei er in der Besprechung dieser Arbeit im Zentralbl. für Geol. die Notwendigkeit eines Vergleiches des Typusmaterials von *Hikorocodium* ENDO und *Carta* STECHOW betont. KOCHANSKY & HERAK 1960 betrachten die genannte Form auf Grund ihrer unklaren Stellung als Problematikum. Eine

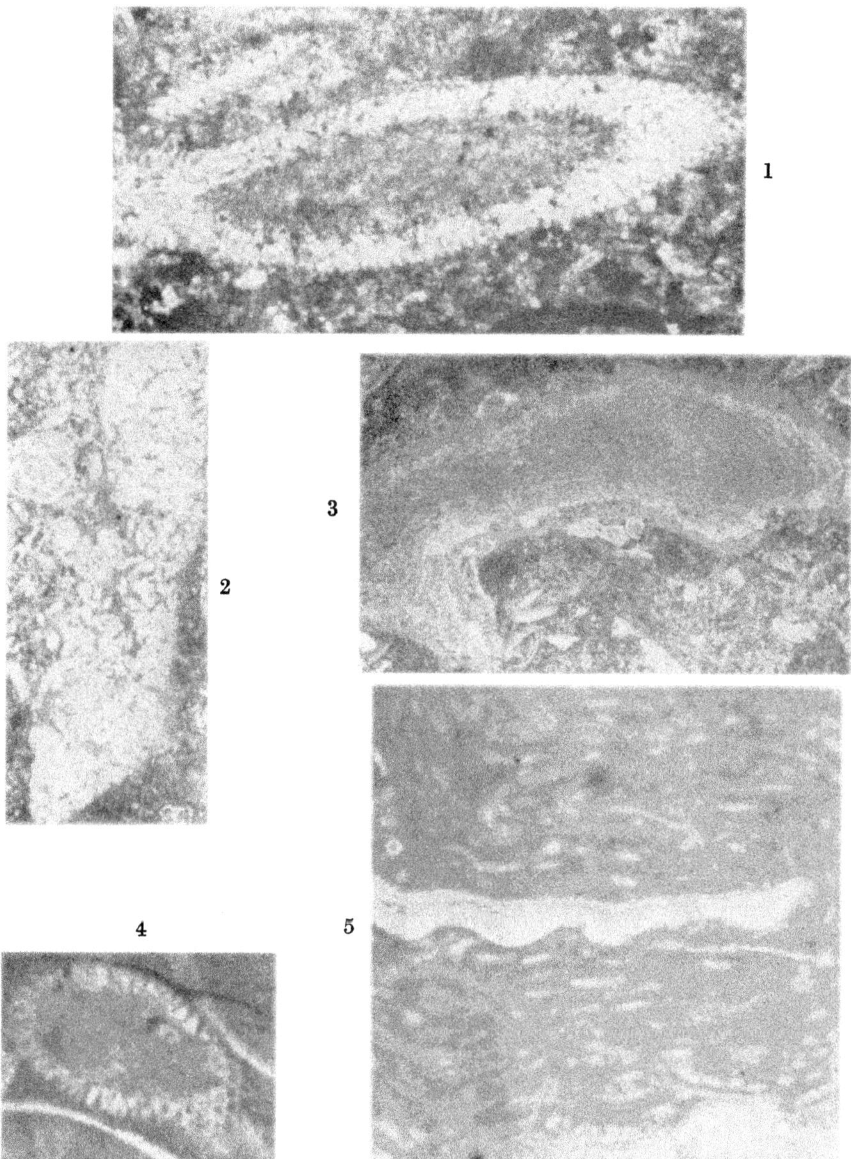

Fig. 1. *Permocalculus texanum* JOHNSON 1951, 30:1, Dizdere b. Djulfa 7, UGP. 1132.
Fig. 2. *Hikorocodium elegantae* ENDO 1951, 9,3:1, Dizdere b. Djulfa 7, UGP. 1132.
Fig. 3. *Komia?* sp., 11,6:1, Dizdere b. Djulfa 7, UGP. 1132.
Fig. 4. *Vermiporella* (?) *nipponica* ENDO 1954, 23,3:1, Abadeh 7a, UGP. 1137.
Fig. 5. *Girvanella permica* PIA 1937, 30:1, Gorgan i. Elburz, UGP. 1139.

Neuuntersuchung der Typen müßte auch klären, ob es sich hierbei nicht um einen Schwamm handeln könnte.

### Genus: *Aeolisaccus* Elliott 1958

### *Aeolisaccus dunningtoni* Elliott 1958

1958 *Aeolisaccus dunningtoni* n. sp. — Elliott, S. 422, Taf. 3, Fig. 5—6, 8, 9.

Material: Ala-Dağ V/89 (UGP. 1136).

Beschreibung: Es handelt sich um schmale, dünne Röhren mit einer Länge von kaum 1 mm und einem Durchmesser von 0,15 mm bei einer Wandstärke von 0,03 mm. Sie sind an beiden Seiten offen und mit hellem Calzit erfüllt.

Bemerkungen: Die wenigen beobachteten Röhren gleichen denen, die von Elliott 1958 aus dem Ober-Perm von Nord-Irak beschrieben wurden.

## Stratigraphische Bedeutung der Faunen

Die zeitliche Einstufung der Algenkalke geht aus folgender Zusammenstellung hervor

| | | Unter-Perm | Mittel-Perm | Ober-Perm |
|---|---|---|---|---|
| Ala-Dağ | *Anthracoporella magnipora* Endo | + | | |
| III | *Vermiporella nipponica* Endo | | + | + |
| V | *Mizzia velebitana* Schubert | | + | + |
| | *Pseudoepimastopora iwaizakiensis* (Endo) | | | + |
| | *Gymnocodium bellerophontis* (Rh.) | | | + |
| | *Hikorocodium elegantae* Endo | + | + | + |
| | *Aeolisaccus dunningtoni* Elliott | | | + |
| VI | *Mizzia velebitana* Schubert | | + | + |
| Diz. 7 | *Diplopora pusilla* Koch. & Herak | | + | |
| | *Pseudoepimastopora likana* (K. & H.) | + | | |
| | *Permocalculus texanum* (John.) | | | + |
| | *Komia?* sp. | | | |
| | *Hikorocodium elegantae* Endo | + | + | + |
| Ab. 7a | *Vermiporella nipponica* Endo | | + | + |
| | *Permocalculus fragilis* (Pia) | | | + |
| Gorgan | *Girvanella permica* Pia | + | + | + |

Wie diese Zusammenstellung zeigt, müssen im Ala-Dağ die Algenkalke von Fundpunkt III in das tiefere, die von V und VI in das höhere Perm eingestuft werden. Es bestätigt sich damit die durch die Bearbeitung der Bryozoen- und Korallenfaunen (H. FLÜGEL 1955a, b) erhaltene Gliederung.

Fundpunkt Dizdere bei Djulfa dürfte dem mittleren Perm angehören, was in Übereinstimmung mit der Korallenfauna (W. GRÄF 1963) stehen würde.

Fundpunkt Abadeh gehört möglicherweise dem höheren Perm an, wenngleich typische Formen, wie *Mizzia velebitana* SCHUBERT oder *Gymnocodium bellerophontis* (ROTHPLETZ) in der untersuchten Probe nicht festgestellt werden konnten.

Das Fundstück Gorgan gestattet keine weitere Aussage.

## Literatur

BILGÜTAY, U.: The Permian calcareous Algae from southeastern Anatolia. — Bull. Min. Res. Turkey, 52, 48—58, 4 Taf., 1959.

— Some Permian calcareous algae from the vicinity of Ankara. — Bull. Min. Rec. Turkey, 54, 52—65, 5 Taf., 1960.

COLIN, H.: Geologische Untersuchungen im Raume Fethiye—Antalya—Kas—Finike (SW-Anatolien). — Bull. Min. Res. Turkey, 59, 19—61, 1962.

ELLIOTT, G. F.: The Permian calcareous alga *Gymnocodium*. — Micropaleontology, 1, 83—90, 3 Taf., 1955.

— Fossil microproblematica from the Middle East. — Micropaleontology, 4, 419—428, 3 Taf., 1958.

ENDO, R.: Several new species from the Sakamotozawa section, Hikoroichi-mura, Kesen-gun, in the Kitakami Mountain Land. — Trans. Proc. Paleont. Soc. Japan, N. S., 4, 121—129, 2 Taf., 1951.

— Stratigraphical and paleontological studies of the later Palaeozoic calcareous Algae in Japan, V. — Japanese J. Geol. Geogr., 23, 117—126, Taf. 11, 12, 1953.

— Geology of the Mino Mountain Land and Southern part of Hida Plateau, with descriptions of the algal remains found of the district. — Sci. Rep. Saitama Univ. (B), 1, 177—206, 5 Taf., 1954.

— Fossil algae from the Kwanto and Kitakami Mountains. — Sci. Rep. Saitama Univ. (B), 2, 221—248, Taf. 22—31, 1956.

— Fossil algae from the Taishalu district, Hiroshima-ken, and Kitami-no-kuni, Hokkaido. — Sci. Rep. Saitama Univ. (B), 2, 279—305, Taf. 37—44, 1957.

— Fossil Algae from Nyugawa Valley in the Hida Massif. — Sci. Rep. Saitama Univ. (B), 3, 177—207, Taf. 30—42, 1959.

— A restudy of the genus *Epimastopora*. — Sci. Rep. Saitama Univ. (B), 3, 267—270, Taf. 44, 1960.

— Fossil Algae from the Akiyoshi limestone Group. — Sci. Rep. Saitama Univ. (B) ENDO-Band, 119—142, 7 Taf., 1961.

ENDO, R. & HORIGUCHI, M.: Fossil Algae from the Fukuji District in the Hida massif. — Japanese J. geol. Geogr., 28, 169—177, Taf. 13—15, 1957.

FLÜGEL, E.: Hydrozoen aus dem oberen Perm von Slovenija und Crna Gora. — Geologija, 5, 86—91, 1959.

FLÜGEL, H.: Permische Korallen aus dem südostanatolischen Taurus. — N. Jahrb. Geol., Abh., 101, 293—318, Taf. 33—35, 1955a.

— Bryozoen aus dem Perm des Ala-Dağ. — N. Jahrb. Geol., Abh., 101, 283—292, Taf. 32, 1955b.

GRÄF, W.: Permische Korallen aus dem Zagros Gebirge, dem Elburz und aus Azerbeidjan, Iran. — Senckenbergiana Lethaea (Im Druck 1963).

JOHNSON, H. J.: Permian calcareous Algae from the Apache Mountains, Texas. — J. Paleont., 25, 21—30, Taf. 6—10, 1951.

— Paleozoic Solenoporaceae and related Red Algae. — Quart. Colorado School of Mines, 55, 77 S., 23 Taf., 1960.

KOCHANSKY, V. & HERAK, M.: On the Carboniferous and Permian Dasycladaceae of Yugoslavia. — Geol. Vjesnik, 13, 65—94, 9 Taf., 1960.

MASLOV, V. N.: Iskopaemie izvestkovie vodorosli SSSR. — Trudy Inst. Geol. Nauk Akad., 160, 301 S., 86 Taf., 1956.

METZ, K.: Neufunde im Paläozoikum SW-Anatoliens. — N. Jb. Geol., Abh., 257—266, 1955.

— Beiträge zur Kenntnis der Entwicklung des persischen Paläozoikums. — Bull. Geol. Inst. Uppsala, 40, 403—412, 1961.

PIA, J. v.: Die wichtigsten Kalkalgen des Jungpaläozoikums und ihre geologische Bedeutung. — C. R. II. Congres Strat. Carbonifére, 765—856, 13 Taf., 1937.

REZAK, R.: Permian Algae from Saudi Arabia. — J. Paleont., 33, 531—539, Taf. 71, 72, 1959.

ROTHPLETZ, A.: Ein geologischer Querschnitt durch die Ostalpen nebst Anhang über die sogenannte Glarner Doppelfalte. — 268 S., 1894.

SCHUBERT, R. J.: Zur Geologie des österreichischen Velebit (nebst paläontologischem Anhang). — Jahrb. Geol. Reichsanst., 58, 345, 1908.

Anschrift des Verfassers: Prof. Dr. H. Flügel. Geol.-Paläont. Inst. Univ. Graz.

**1957 (S I Bd. 166):**

Ehrenberg K.: Berichte über Ausgrabungen in der Salzofenhöhle im Toten Gebirge. VIII. Bemerkungen zu den Ergebnissen der Sedimentuntersuchungen von Elisabeth Schmid. S 5.80

Schmid Elisabeth: Von den Sedimenten der Salzofenhöhle (mit 1 Textabbildung und 1 Beilage). S 14.—

Zapfe H. und Hürzeler J.: Die Fauna der miozänen Spaltenfüllung von Neudorf a. d. M. (ČSR). Primates (mit 1 Tafel). S 10.20

**1958 (S I Bd. 167):**

Bakalow P., Kühn N. und Sachariewa K.: Die Trias von Kotel (Ost-Balkan). I. Die unterkarnische Ammonitenfauna von Kotel (mit 4 Textabbildungen und 2 Tafeln). S 20.80

Bobies A. Carl: Bryozoenstudien III/2. Die Horneridae (Bryozoa) des Tortons im Wiener und Eisenstädter Becken (mit 3 Tafeln). S 20.70

Tiedt Liselotte: Die Nerineen der österreichischen Gosauschichten (mit 13 Textabbildungen und 3 Tafeln). S 29.60

**1959 (S I Bd. 168):**

Bachmayer F.: Neue Crustaceen aus dem Jura von Stremberg (ČSR) (mit 2 Tafeln). S 13.50

Kühn O. und Pejović D.: Zwei neue Rudisten aus Westserbien (mit 4 Textabbildungen und 4 Tafeln). S 17.80

Pokorny Gerhard: Die Actaeonellen der Gosauformation (mit 1 Textabbildung und 2 Tafeln). S 31.20

**1960 (S I Bd. 169):**

Bachmayer F.: Insektenreste aus den Congerienschichten (Pannon) von Brunn-Vösendorf (südl. von Wien), Niederösterreich (mit 2 Tafeln und 8 Abbildungen). S 8.30

Schaffer H.: Interessante obereozäne Echinidenarten aus Bruderndorf (Niederösterreich) und Oberitalien (mit 7 Textabbildungen). S 11.—

**1961 (S I Bd. 170):**

Bachmayer F.: Neue Insektenfunde aus dem österreichischen Tertiär (Brunn-Vösendorf bei Wien und Weingraben im Burgenland) (mit 2 Textabbildungen und 4 Tafeln). S 170—9, S 13.60

Bernhauser A.: Zur Knochen- und Zahnhistologie von Latimeria chalumnae Smith und einiger Fossilformen (mit 17 Textabbildungen). S 170—6, S 19.40

Ehrenberg K. und Ruckensteiner E.: Bericht über Ausgrabungen in der Salzofenhöhle im Toten Gebirge XIII. Paläopathologische Funde und ihre Deutung auf Grund von Röntgenuntersuchungen (mit 10 Tafeln). S 170—23, S 39.—

Flügel E.: Bryozoen aus den Zlambach-Schichten (Rhät.) des Salzkammergutes, Österreich (mit 3 Textabbildungen und 3 Tafeln). S 170—25, S 20.—

Rutsch R. F. und Steininger F.: Eine neue Pecten-Art aus dem Typus-Profil des Helvétien südlich von Bern (Schweiz) (mit 4 Textabbildungen und 1 Tafel). 170—10, S 18.—

Schaffer H.: Brissus (Allobrissus) miocaenicus, eine neue Echinidenart aus dem Torton Mühlendorf (Burgenland) (mit 1 Textabbildung und zwei Tafeln). S 170—8, S 13.20

Zapfe H.: Ergebnisse einer Untersuchung der Austriacopithecus-Reste aus dem Mittelmiozän von Klein-Hadersdorf, NÖ. und eines neuen Primatenfundes aus der Molasse von Trimmelkam, OÖ. S 170—7, S 9.30

**1962 (S I Bd. 171):**

Schmid Manfred, E., Die Foraminiferenfauna des Bruderndorfer Feinsandes (Danien) von Haidhof bei Ernstbrunn, NÖ. 171 – 18, S 86. –

www.ingramcontent.com/pod-product-compliance
Ingram Content Group UK Ltd.
Pitfield, Milton Keynes, MK11 3LW, UK
UKHW021927190726
13853UKWH00002B/886

* 9 7 8 3 6 6 2 2 4 5 8 5 9 *